中国少年儿童科学普及阅读文库

探索·科学百科™ 中阶

垃圾的妥善处理

中国少年儿童科学普及阅读文库
TANSUO KEXUEBAIKE
★★★★★
2级D2
探索·科学百科

[澳]爱德华·克洛斯⊙著
吴淑彬(学乐·译言)⊙译

Discovery EDUCATION™

全国优秀出版社
全国百佳图书出版单位
广东教育出版社 学乐

广东省版权局著作权合同登记号
图字：19-2011-097号

图书在版编目（CIP）数据

Discovery Education探索·科学百科. 中阶. 2级. D2，垃圾的妥善处理/［澳］爱德华·克洛斯著；吴淑彬（学乐·译言）译. —广州：广东教育出版社, 2014. 1
（中国少年儿童科学普及阅读文库）
ISBN 978-7-5406-9303-9

Ⅰ. ①D… Ⅱ. ①爱… ②吴… Ⅲ. ①科学知识—科普读物 ②垃圾处理—少儿读物 Ⅳ. ①Z228. 1 ②X705-49

中国版本图书馆 CIP 数据核字(2012) 第153246号

Discovery Education探索·科学百科（中阶）
2级D2 垃圾的妥善处理

著［澳］爱德华·克洛斯　　**译** 吴淑彬（学乐·译言）

责任编辑 张宏宇　李　玲　丘雪莹　**助理编辑** 胡　华　于银丽　**装帧设计** 李开福　袁　尹

出版 广东教育出版社
地址：广州市环市东路472号12-15楼　邮编：510075　网址：http://www.gjs.cn
经销 广东新华发行集团股份有限公司　**印刷** 北京顺诚彩色印刷有限公司
开本 170毫米×220毫米　16开　**印张** 2　**字数** 25. 5千字
版次 2016年5月第1版 第2次印刷　**装别** 平装

ISBN 978-7-5406-9303-9　**定价** 8. 00元

内容及质量服务 广东教育出版社 北京综合出版中心
电话 010-68910906 68910806　网址 http://www.scholarjoy.com
质量监督电话 010-68910906 020-87613102　**购书咨询电话** 020-87621848 010-68910906

Discovery Education 探索·科学百科（中阶）

2级D2 垃圾的妥善处理

全国优秀出版社
全国百佳图书出版单位
廣東教育出版社
學樂

目录 | Contents

关于垃圾

当父母让你倒垃圾时，你是否想过垃圾的去处？垃圾是指人们废弃不用的东西，这些被人们丢弃的垃圾必须得到处理。全世界最大的垃圾产出国是美国，其每天的垃圾产出量约为 2.5 亿吨。垃圾及其处理方式会对环境造成影响，因此，请尽量谨慎对待你要丢弃的垃圾。

海滩污染

如果垃圾被冲入下水道，它们都将通过河流流入海洋，最终将涌向沙滩。这将对海洋生物与海洋本身产生危害。如今，那些曾经洁白美丽的海滩正在遭受垃圾的污染。

乱扔垃圾

乱扔包装盒看似没什么大不了，但是它所散发出的气味会吸引啮齿类动物爬进去，而这很可能使它们受困，甚至丧生。

工业垃圾

工业垃圾是由工厂、矿山、制造厂产生的，包括液体、污泥、固体及危险性废弃物。如果不加以妥善处理，此类垃圾将严重污染河流、湖泊、海洋和森林。

垃圾种类

我们所有的日常行为都可能制造许多不同种类的垃圾，它们都被当成废品、污物和食物残渣扔掉。生活垃圾是人们在家庭日常活动中产生的，包括各种包装、旧电子产品、下水道污物以及建筑废弃物等。花园里的植物废弃物，通常称作绿色垃圾。垃圾形态可以是液体、固体或气体。世界上的大部分垃圾产生于家庭、商业、工业、建筑与农业。如果处理不当，任何种类的垃圾都会对环境造成巨大伤害。

有害垃圾

有害垃圾，如化学品和电池会对人类、动物和环境造成危害。

生活垃圾

包括各种包装物、食物残渣、丢弃的衣物以及人们当作垃圾丢弃的任何生活物品。

工业垃圾

工业垃圾由工业领域产生。工业垃圾更有可能成为有害垃圾，必须加以妥善处理。

绿色垃圾

绿色垃圾通常由园林垃圾组成，如修剪下来的草类、叶子、种子以及植物修剪物。

垃圾中有什么?

任何废弃物都是垃圾：纸张、塑料、玻璃、食物、金属以及园林修剪物。

废纸

这是最为普遍的垃圾种类，包括报纸、杂志以及包装纸板等。

塑料垃圾

塑料垃圾包括许多塑料材料，如被丢弃的各种瓶子和食物包装。

农场垃圾

杀虫剂、肥料以及牲畜粪便等都是因农事活动而产生的垃圾。

垃圾是如何处理的?

垃圾的处理方式主要有四种：埋在垃圾填埋场；在大型焚烧炉里焚烧；回收利用制成可再生产品；或在垃圾处理厂堆制成肥料。采用哪种处理方式取决于垃圾的种类。因此，我们所产生的生活垃圾应收集起来，运至垃圾处理场，在那里进行分类。

倾倒

垃圾车将全市各处的路边垃圾收集起来，将其运送至垃圾处理场，这一过程被称为垃圾倾倒。大部分情况下，当地的市政部门都为各社区开设垃圾处理场。

回收铝罐

铝罐能够百分百回收，对回收的铝罐可进行分类、碾压或熔化处理。重熔材料可用于制造新的铝罐。与用新铝材制成新铝罐的方法相比，这种方法所产生的二氧化碳要少得多。因此，如果你回收了一个软饮料罐，那就意味着你减少了垃圾，并节约了能源。

垃圾燃烧

将垃圾倾倒进火炉（通常称为焚烧炉或燃烧装置），垃圾在极端高温下燃烧并产生热能，所产生的热能有时可用于发电。焚烧后的余灰在填埋场被填埋。

你知道吗？

燃烧垃圾时，会产生污染地球大气的气体。许多焚烧炉配备了洗涤器与过滤器，以便清洗或减少排放至大气中的有害气体。

填埋场

填埋场是位于地面以下的用于填埋垃圾的巨大坑洞。填埋是最为普遍的垃圾处理方式，几百年来为全球许多国家所用。填埋必须以确保远离地下水，并且不污染水源的方式进行，同时还要确保垃圾不与空气直接接触，并始终保持干燥状态。

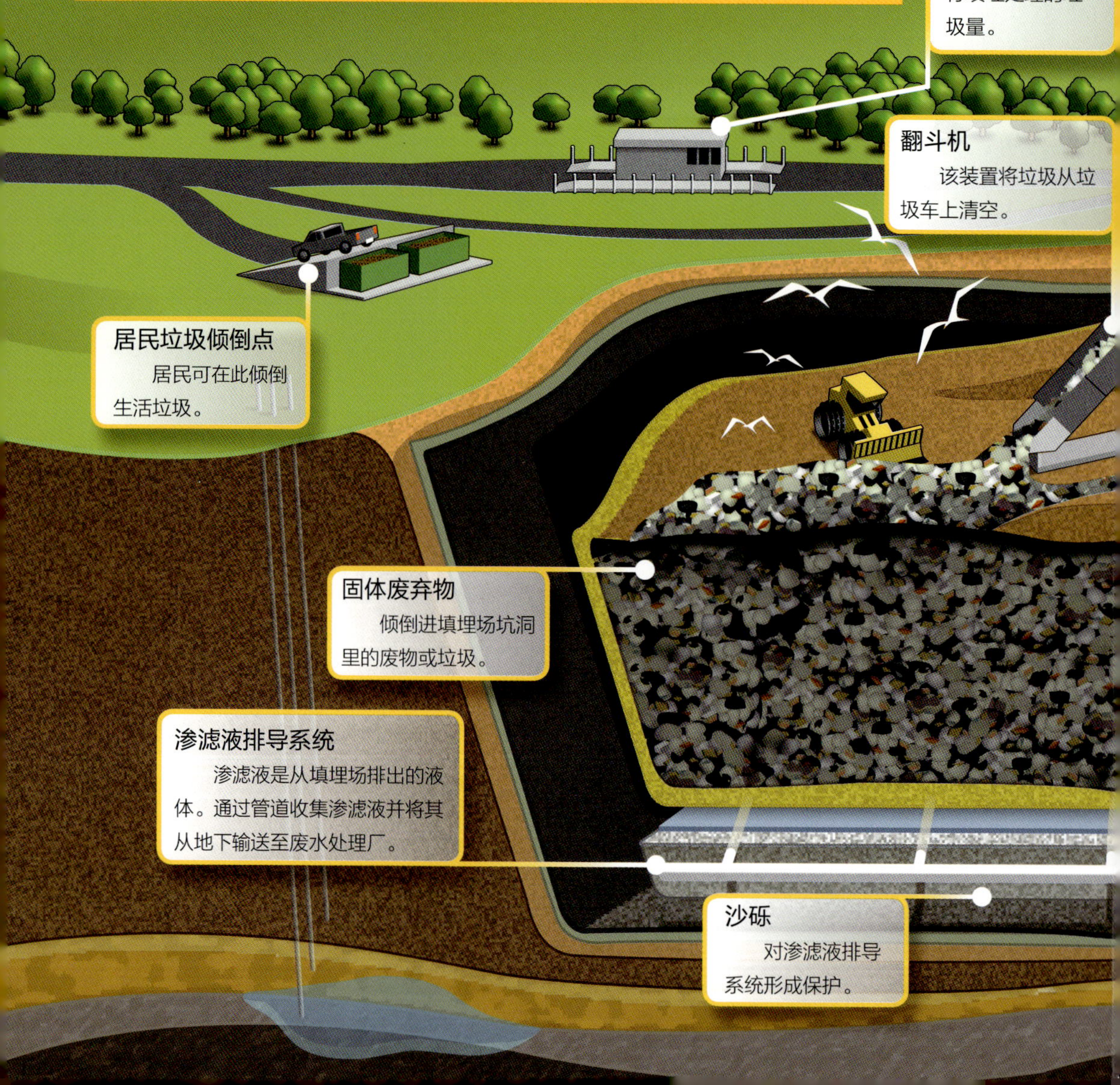

填埋场的解析示意图

填埋不仅仅是意味着将垃圾倒进一个大洞里，而是必须采取多个步骤，以确保垃圾得到安全处理。该图描绘了将垃圾妥善填埋在填埋场的过程。

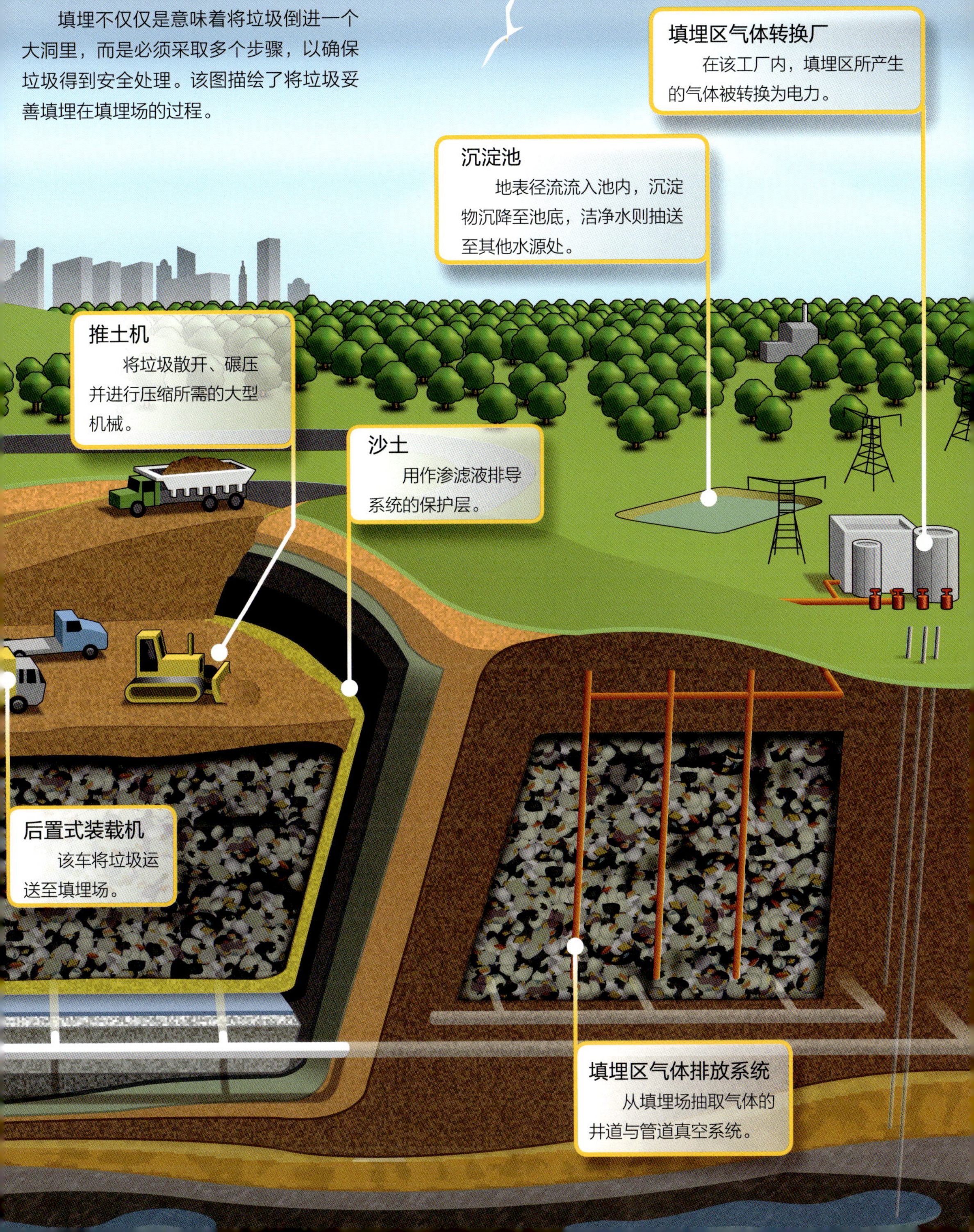

我们能回收利用哪些垃圾？

橡胶

许多生活类垃圾其实都可以回收利用。通过将垃圾分类为一般垃圾与可回收材料，就有可能降低垃圾总量，同时节约能源和资源。可回收材料被运送至分类工厂，加以清洁并制成新产品。许多材料被重新制成相同产品，而橡胶或塑料等材料则被用来制作全新的产品。

纸张

玻璃

铝

回收厂

回收厂对回收材料进行处理。回收厂采用诸如熔解、切碎和制浆等方法对材料进行分解，以便再次使用。一旦完成分解，这些材料就被运到专门将回收材料制成新产品的工厂内。

玻璃分类

将用过的玻璃粉碎成小块，按不同颜色进行分类，并去除玻璃上的废纸和金属物质。

输送带

在回收厂里，可回收材料在输送带上进行分类，然后加以清洁以备再次利用。

回收材料

居民通常在倒垃圾前便将可回收材料从其他垃圾中分拣出来。回收的玻璃瓶、报纸以及铝罐均可重新制成同类产品。

路边垃圾收集点

许多城市使用大型卡车从路边的垃圾箱里收集可回收材料，并将其运送至回收厂。

垃圾收集站

你可以将废纸、瓶子和易拉罐扔进独立的垃圾箱里，不同的垃圾箱通常都有不同的分类标志。

生活垃圾

垃圾回收利用是处理报纸、易拉罐以及玻璃与塑料瓶的最佳途径。这样可减少填埋垃圾的数量。

垃圾是如何回收利用的？

将我们用过的产品制成可供我们再次使用的材料与产品，是一个复杂的过程。在此过程中，需要投入大量的人力和物力。虽然回收利用需要付出额外努力，但重要的是要尽可能多地回收垃圾，达到减少垃圾和节约能源的目的。你可以在家将可回收材料分拣出来，到了扔垃圾时，垃圾已经被挑选过并进行了分类。

真是令人惊叹！

如果每个美国人都回收其所购报纸的十分之一，那么，每年就将拯救2 500万棵树木。回收利用垃圾可保护森林等自然资源。

垃圾压缩

将已分类的可回收材料压缩成一大捆，放进集装箱内，然后送到再加工工厂。

立圾分类

在回收厂里，将可回收材料进行分关，同类材料堆在一起。

清洁与再造

对各种成捆的可回收材料进行粉碎和清洁，然后再制成新产品。

学习

通过了解垃圾回收利用的益处与方法，每个人都能减少垃圾，节约能源。

为什么要回收利用垃圾？

随着世界人口的增长，垃圾也越来越多。垃圾回收利用是减少垃圾填埋量的最好方法。相比于制造全新产品，对产品和材料进行重新利用所消耗的自然资源更少，产生的污染更小。相比于以树浆造纸，用回收的废纸来造纸可节约50%的能源消耗和90%的水资源；相比于制造全新的塑料瓶，回收利用塑料瓶可节约95%的能源消耗；相比于以精炼和熔炼铝土矿制造新铝罐的方法，将旧铝罐回收冶炼可节约95%的能源消耗。

回收标志

该标志全球公认。任何带有该标志的产品或包装都可以回收利用。

垃圾场气体

垃圾被分解时会产生二氧化碳、甲烷等气体，这些气体散发出的难闻味道会影响到附近居民。

塑料袋

美国人每年扔进垃圾桶里的塑料袋超过1 000亿个。大部分塑料需要几百年的时间才能分解，而塑料袋又是垃圾污染的主要污染源。据估计，塑料袋污染每年可导致100 000只鸟雀、海豹和鲸鱼死亡。

3R 法

回收利用仅仅是减少垃圾、最大程度减轻污染、节约资源和有助于保护环境的一种方法。解决垃圾问题的方法还有很多，人们将其归纳为 3R 法：减少（Reduce）、再利用（Reuse）和再思考（Rethink）。举例来说，选择较少包装的产品可减少生活垃圾量。此外，许多生活用品与材料可一再重复使用。人们总会想到各种各样的新点子和新方法，以最大限度地减少垃圾。

用过的书籍

读完书之后，将旧书拿到二手书店去。

你知道吗？

如果废纸得到回收利用，那么树木就不会被砍伐，就能够继续生长。生长中的树木可吸收大气中的二氧化碳，为植物和动物提供适宜的生存环境。

一次性餐盒

将你的午餐装在可再次使用的产品内，以避免使用外卖餐盒。

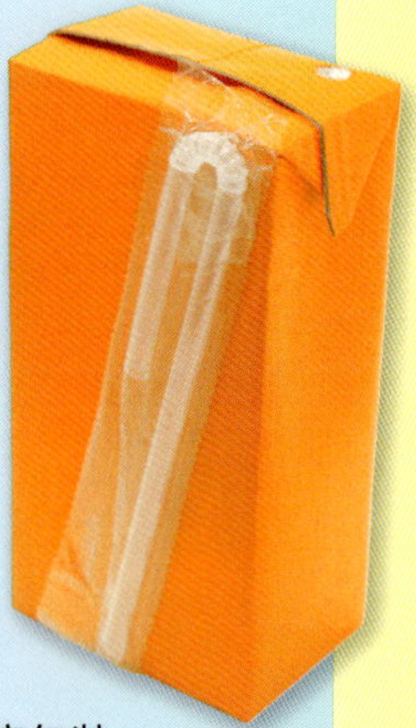

过度包装

使用可重复使用的拧盖式瓶子，而不去购买带吸管的一次性纸盒饮料。

穿过的衣物

许多二手商店可接收穿过的衣物。或者你也可以将穿过的衣物转给朋友或家人。

小容器

购买散装的美容护肤产品。许多商店可以让顾客带空瓶进店，将所购产品装入瓶内。

减少

减少产品的使用量。尽量避免一次性物品，只购买家庭必需品。

再利用

将未用过的书籍和衣物捐给慈善商店。使用玻璃瓶存放食物和其他物品。

再思考

思考如何能够最大限度地减少垃圾。例如，外出购物时自备购物袋。

堆肥箱

你可用旧木盒、木材、垃圾箱或金属丝网自制堆肥箱，还可以购买一个专用于堆制肥料的容器，之后你就可以开始自制堆肥了。

1.容器

首先确定你将使用何种类型的堆肥箱，然后将其固定放置在你家院子的一角。

4.绿色垃圾层

向容器里添加一层厚度为5厘米水果和蔬菜残余物、草坪修剪物以及园里的绿色垃圾材料。

如何制作堆肥

制作堆肥的最佳方法就是在容器内堆放一层层的蔬菜残余物、绿色垃圾和土壤。大约需要三个月的时间，这些肥料就会分解到你花园的黑色泥土中。

2.材料

你需要干枯的植物材料，比如掉落的叶子等。同时还要用到果蔬皮、草坪修剪物、其他花园废弃物以及报纸。

3.枯叶层

在容器底部放上一层厚度为25厘米的枯叶，也可以用锯屑或撕碎的报纸代替。

5.土层

在绿色垃圾层上覆盖一层薄土。重复第3步至第5步的步骤，尽可能地将你手边的所有垃圾材料都用在堆肥箱中。

6.保持湿润

每周翻堆一次，检查是否保持湿润，但不能过于潮湿。如果感觉有点干，加点水进去。不出三个月，它就可用在花园里了。

堆肥

食物残渣和花园废弃物几乎占据生活垃圾量的三分之一，它们中的大部分是制作堆肥的理想材料。堆肥可用在花园里，改良土壤，帮助植物生长。有机垃圾，比如厨房菜渣、草坪修剪后的草屑、叶子，甚至种子都是最适合制作堆肥的材料，废旧报纸也可以。将它们加进堆肥堆中，而不是按生活垃圾处理，这样可减少用于填埋的生活垃圾量。

清洁产品

许多清洁产品含有危险化学品成分。现在也出现了使用有机材料的更为环保的安全产品。

改善环境

成为环保型家庭，这将是你参与到关心地球行动中所能迈出的第一步。在以下行动中你可以有所作为，如尽可能多地进行回收利用或再使用，努力减少家庭的垃圾产出量，不要忽略任何小事；比如用收集起来的雨水，而非自来水，浇灌花园；再比如以耗能较少的节能灯代替旧灯泡。另一个减少家庭能耗的简单办法就是离开时将灯或电视关掉。有些家庭甚至已经用太阳能或风能发电，而不是靠烧煤或燃气发电。以上这些都是改善环境的好方法。

快餐食品包装

美国的快餐店每年要用掉180万吨的包装材料。这些包装最后都被当作垃圾扔掉，或被填埋处理。

伐木

森林遭到砍伐，伐下的木材用于制造纸张和纸板。但是，旧报纸与杂志也可以重新制成纸制品。因此，回收旧报纸旧杂志就能减少树木的砍伐量。留意购买再生纸产品，比如超市中出售的卫生纸。

学校里

世界各地的学校都在操场上设有回收利用教育点。孩子们将垃圾回收箱里的垃圾材料进行分类，达到可直接运送到资源回收处理场或垃圾收集中心的标准。

社区援助

各地社区组织都在致力于保护环境。人们加入当地团体，积极参与到旨在清理垃圾、加强回收利用并重复使用家庭物品的活动当中。政府开展各项教育活动，人们可学到在家里、学校和工作中对垃圾进行回收和再利用的最好方法。许多地方已建有资源回收处理场或垃圾收集中心，将收集的可回收材料进行分类并制成新产品。慈善商店在街边设有收集箱，用来收集二手衣物和玩具。

你知道吗？

每年的6月5日为“世界环境日”。这个日子让人们更加关注垃圾与污染对环境造成的影响，以及我们能够为改善环境做些什么。

全球清洁

每年，都有来自全球120个国家的大约3 500万志愿者参与到“让世界清洁起来”的公益环保活动中。他们协同工作，为他们的社区和我们的地球营造一个更好的生活环境。

有害垃圾

有害垃圾会对环境造成极大危害，所以对危险化学品、电子产品、电池、油漆以及油类进行安全处理尤为重要。

你能做的事

世界各地的人们和家庭都积极参与到减少垃圾的环保活动中，你也能参与其中。你可以从家人和朋友开始，告诉他们对环保有所帮助和贡献的方法：选择做工精良包装简洁的产品，帮助减少垃圾；购买由可回收材料制成的产品，因为未来可再造出更多的产品；对塑料和玻璃容器实行再利用，这样它们就不会被倾倒到填埋场里；尽可能避免使用塑料袋。

回收利用

参与到回收利用计划中。在家里备一个收集可回收物品的箱子。购物时留意带有回收标志的产品。

蠕虫农场

蠕虫农场是回收厨房蔬菜残渣并为花园提供肥料的极好方法。不会占用太多空间，易于搭建和维护。特别的堆肥蠕虫还可分解为有机物质。五金商店通常有售现成的工具套件和蠕虫。

堆肥蠕虫在活动

堆肥箱

堆肥箱可回收厨房的菜渣和花园垃圾。堆肥对花园极为有用，同时还意味着减少了需进行填埋的垃圾量。

植树

有些国家，比如中国、澳大利亚等国家设立了全国性的植树日，鼓励人们在当地植树。

亲身体验

创建自家的回收利用中心。采用以下指导方法在自己家里建成回收利用中心。

1. 在你所处范围内找出可供回收的物品。
2. 确定每种可回收材料所需垃圾箱的数量。
3. 找到你家附近或你所处范围内的垃圾箱。
4. 给垃圾箱制作特定标签。
5. 在你家附近为垃圾箱留出空间
6. 制定可坚持遵守的常规程序，并做成清单。
7. 以后购物时需多加留心，注意购买带有回收标志的产品。

知识拓展

铝(aluminum)
一种银色的金属元素，存在于铝土矿中，通常用于制造软饮料罐。

铝土矿(bauxite)
一种自然生成的黏土状物质，是生产金属铝的最佳原料。

堆肥(compost)
植物与动物腐烂分解后的混合物，可用作花园肥料。

污染(contaminate)
某种物质比如饮用水被弄脏了，变得不洁净了。

输送带(conveyor belt)
在工厂范围内运送材料的传送带。

分解(decompose)
死掉的植物或动物组织由于化学反应分成更为简单的化合物或单质。

肥料(fertilizer)
用于改良土壤，便于作物生长。

地下水(groundwater)
存在于地表以下地下水流内的水，可汇入井中、隧道里或管道内。

有害垃圾(hazardous waste)
对人体健康或环境构成威胁的垃圾，比如有毒的、腐蚀性的或爆炸性的垃圾。需要加以谨慎处理。

生活垃圾(household waste)
家庭里所产生的一切垃圾，比如食物残渣、包装和废纸。

焚烧炉(incinerator)
垃圾处理方法中一种用于燃烧垃圾并将其化为灰烬的熔炉。

工业垃圾(industrial waste)
大型工业工厂所产生的污染物，包括化学垃圾与有毒排放物。

垃圾填埋场(landfill)
也叫作垃圾场，用于掩埋垃圾材料的地方。这是最古老的垃圾处理形式。

填埋气体(landfill gases)
垃圾在地下分解时所产生的气体，主要由甲烷和二氧化碳组成。

渗滤液(leachate)
从填埋场排放出的液体。

伐木(logging)
森林采伐中，清理伐区内的场地，砍倒树木的过程。

粪肥(manure)
一种有机物质，是植物或动物产生的废物，用作农场的肥料。

有机垃圾(organic waste)
日常生活中产生的含有有机物成分的垃圾，包括蔬菜残余物和植物。

杀虫剂(pesticide)
喷撒在农作物上的以防止患病或杀死害虫的化学物质。

沉淀物(sediment)
沉降在湖底、河底或海底的物质的集合。

太阳能(solar powe)
来自太阳的能源，由太阳能电池板收集并转换为热能或电能。

风能(wind power)
借由大型风力涡轮机和风车可以将风能转化为电能。

Discovery Education探索·科学百科（中阶）

探索·科学百科™

Discovery EDUCATION™

世界科普百科类图文书领域最高专业技术质量的代表作

小学《科学》课拓展阅读辅助教材

Discovery Education探索·科学百科（中阶）丛书，是7~12岁小读者适读的科普百科图文类图书，分为4级，每级16册，共64册。内容涵盖自然科学、社会科学、科学技术、人文历史等主题门类，每册为一个独立的内容主题。

Discovery Education
探索·科学百科（中阶）
1级套装（16册）
定价：192.00元

Discovery Education
探索·科学百科（中阶）
2级套装（16册）
定价：192.00元

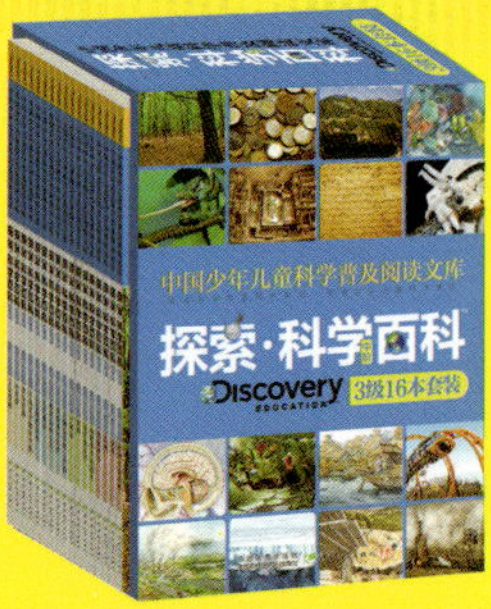

Discovery Education
探索·科学百科（中阶）
3级套装（16册）
定价：192.00元

Discovery Education
探索·科学百科（中阶）
4级套装（16册）
定价：192.00元

Discovery Education
探索·科学百科（中阶）
1级分级分卷套装（4册）（共4卷）
每卷套装定价：48.00元

Discovery Education
探索·科学百科（中阶）
2级分级分卷套装（4册）（共4卷）
每卷套装定价：48.00元

Discovery Education
探索·科学百科（中阶）
3级分级分卷套装（4册）（共4卷）
每卷套装定价：48.00元

Discovery Education
探索·科学百科（中阶）
4级分级分卷套装（4册）（共4卷）
每卷套装定价：48.00元